FORSCHUNGSBERICHTE DES LANDES NORDRHEIN-WESTFALEN

Nr. 1165

Herausgegeben
im Auftrage des Ministerpräsidenten Dr. Franz Meyers
von Staatssekretär Professor Dr. h. c. Dr. E. h. Leo Brandt

DK 661.22
662.742

Dr. Ing. Dietrich George
Dr. rer. nat. Joachim Karweil

im Auftrage der Bergbau-Forschung GmbH Essen-Kray

Herstellung eines reaktionsfähigen Steinkohlenkokses für die Schwefelkohlenstoffgewinnung

WESTDEUTSCHER VERLAG · KÖLN UND OPLADEN 1963

ISBN 978-3-663-06342-1 ISBN 978-3-663-07255-3 (eBook)
DOI 10.1007/978-3-663-07255-3

Verlags-Nr. 011165

Gesamtherstellung: Westdeutscher Verlag

Inhalt

1. Problemstellung

Schwefelkohlenstoff wird immer noch in großen Mengen nach dem klassischen Verfahren aus Holzkohle und Schwefel in eisernen Retorten erzeugt. Dabei werden je 100 kg Schwefelkohlenstoff 23–26 kg Holzkohle und 90–93 kg Schwefel gebraucht. Die Holzkohlemengen, die zur Verfügung stehen, schwanken sehr stark. Das Angebot an Holzkohle ist keineswegs stetig, sondern hängt von wirtschaftlichen und politischen Faktoren ab, so daß der Holzkohlepreis in den vergangenen 15 Jahren Schwankungen im Verhältnis bis 1:3 ausführte.

Diese wirtschaftlich sehr unerquickliche Situation ist keineswegs neu. Sie ist bedingt durch die Knappheit an Holz, die sich gerade in den hochindustrialisierten Ländern mit großem Verbrauch an Schwefelkohlenstoff sehr drückend bemerkbar macht. Man hat daher immer wieder versucht, von der Holzkohle unabhängig zu werden. Entweder bemühte man sich, Schwel- oder Verkokungsprodukte von Torf, Braunkohle oder Steinkohle einzusetzen, oder strebte danach, den Schwefel mit gasförmigen Kohlenwasserstoffen zur Reaktion zu bringen.

Torfkoks kann wegen seiner guten Reaktionsfähigkeit der Holzkohle zugesetzt werden, falls er aschearm ist. Braunkohlenkoks, der in Zeiten großer Holzkohleknappheit ebenfalls zugesetzt wurde, senkt die Retortenleistung gegenüber Holzkohle um 10% und verursacht durch den hohen Aschegehalt relativ viel Aufwand für die Reinigung der Retorten. Steinkohlenkoks verhält sich Schwefel gegenüber völlig inert in dem für das Retortenverfahren zulässigen Temperaturbereich. Ein Umsatz erfolgt erst bei relativ hohen Temperaturen, so daß keramische Öfen mit elektrischer Innenheizung erforderlich werden. Dieses Verfahren wird technisch durchgeführt, setzt aber billigen Strom voraus. Schwefelkohlenstoff kann auch durch Umsatz von gasförmigen Kohlenwasserstoffen mit Schwefel hergestellt werden. Dieses Verfahren gewinnt angesichts der fallenden Erdölpreise immer mehr an Bedeutung.

Steinkohle hat gegenüber Torf und Braunkohle den Vorteil, daß sie sich so weit entaschen läßt, daß ein im Aschegehalt der Holzkohle gleichwertiger Koks daraus hergestellt werden kann. Es fehlt jedoch ein Verfahren, den Koks auch in der Reaktionsfähigkeit der Holzkohle anzupassen, damit er in den vorhandenen Retortenanlagen eingesetzt werden kann. Vorschläge, die dazu gemacht worden sind, nämlich langsames Verkoken [1], Verkoken der Kohle im Gemisch mit Schwefel [2], Aktivierung mit Wasserdampf [3] oder Zugabe von Katalysatoren [4], haben zu keinen brauchbaren Resultaten geführt. Das gleiche gilt für ein oxydatives Verfahren [5].

Die Erfolge, die mit dem Einsatz von oxydierter Steinkohle an Stelle von Holzkohle auf dem Gebiet der A-Kohlen-Herstellung gemacht worden sind, legten es jedoch nahe, diese Verfahrensrichtung nochmals aufzugreifen. Im folgenden soll über entsprechende Bemühungen berichtet werden, bei denen die Reaktionsfähigkeit von Steinkohlenkoksen durch eine Oxydation der Ausgangskohle auf das für den Umsatz mit Schwefel im Retortenverfahren gewünschte Maß erhöht werden sollte.

2. Das Reaktionsvermögen von Holzkohle und Steinkohlenkoks

Der gewöhnliche Steinkohlenkoks gilt als ein relativ reaktionsträges Material. Er steht in der Skala des Reaktionsvermögens zwischen dem extrem reaktionsträgen Graphit und der sehr reaktionsfreudigen Holzkohle. Während von der Möglichkeit, Koks durch thermische Behandlung in Graphit umzuwandeln, seit langem Gebrauch gemacht wird, stößt die Steigerung der Reaktionsfähigkeit in Richtung Holzkohle auf Schwierigkeiten. Die Zündwilligkeit des Steinkohlenschwelkokses kann keineswegs als Erfolg einer Steigerung des Reaktionsvermögens durch schonende thermische Behandlung gedeutet werden. Seine gute Verbrennlichkeit ist vielmehr bedingt durch die chemische Zusammensetzung, insbesondere den Gehalt an zündwilligen wasserstoffreichen Verbindungen, und nicht durch die physikalische Struktur, wie dies bei der Holzkohle der Fall ist.
Wenn man aus Steinkohlen ein Material mit holzkohleähnlichen Eigenschaften herstellen will, muß man sich zunächst Klarheit über die Ursache des Reaktionsverhaltens der Holzkohle machen.
Holzkohle, strenggenommen müßte man sagen »Holzkoks«, besteht aus dem bei der thermischen Zersetzung des Holzes gebildeten festen Rückstand. Bei der Verkohlung des Holzes entweichen gewichtsmäßig etwa $^2/_3$ des eingesetzten lufttrockenen Ausgangsmaterials. Das ist der Grund für die porenreiche Struktur der Holzkohle. Die Hauptbestandteile des Holzes, das aromatische Lignin und die nichtaromatische Zellulose, wandeln sich unter dem Einfluß der Temperatur zu einem Gemisch von mehr oder weniger gut ausgebildeten »graphitischen« Kristalliten um. Die kristallin ungeordneten Bereiche mit ihren ungesättigten peripheren Atomen, die sich vornehmlich aus den sauerstoffreichen Bestandteilen bilden dürften, reagieren sehr schnell mit Schwefel. Die besser geordneten, aus den Aromaten entstandenen Bereiche besitzen ein geringeres Reaktionsvermögen und bleiben zunächst als ein von vielen feinsten Poren durchsetztes schwammartiges Gerüst stehen. Dieses mit fortschreitendem Angriff des Schwefels sich vergrößernde Feinstporensystem verbessert den an sich durch die Grobporenstruktur der Holzkohle bedingten sehr guten Stoffaustausch und kompensiert dadurch z. T. den Abfall der Reaktionsgeschwindigkeit infolge der Abnahme des ungeordneten Materials. Als Folge des im ganzen Volumen erfolgenden gleichmäßigen Abbaus schrumpft die Holzkohle im ganzen Stück sehr gleichmäßig immer stärker zusammen, bis die Zellwände so dünn werden, daß sie bei der geringsten mechanischen Einwirkung zusammenbrechen.
Theoretisch sollten sich auch aus Steinkohlen Produkte mit holzkohleähnlichen Eigenschaften herstellen lassen. Die Mischung aromatischer und nichtaromatischer Substanz ist in den Steinkohlen immer noch vorhanden, wenn auch gegenüber dem pflanzlichen Ausgangsmaterial in physikalisch und chemisch veränderter

Form. Es ist nur Sorge dafür zu tragen, daß diese Strukturierung beim Erhitzen der Kohlen erhalten bleibt. Ein Schmelzen muß unter allen Umständen vermieden werden, weil durch die dabei ablaufenden Umordnungsprozesse eine Homogenisierung eintritt, bei der die ursprünglich vorhandene differenzierte Struktur zerstört wird.

Da die gasarmen Anthrazite nicht schmelzen, lag es nahe, diese als Ausgangsmaterial zu verwenden. Man erhält dabei aber nur Produkte mit sehr schlechtem Reaktionsvermögen. Das ist auch nicht anders zu erwarten. Das Ausgangsmaterial für die Holzkohle, das Holz, enthält nicht nur ein Nebeneinander von aromatischer und nichtaromatischer Substanz, sondern enthält beide in einem bestimmten Mengenverhältnis. Da die Inkohlung im wesentlichen aus einer Abspaltung der nichtaromatischen Substanz in Form von Wasser, Kohlensäure und Methan von einem aromatischen Grundkörper besteht, verarmen die Kohlen mit zunehmendem Inkohlungsgrad immer mehr an der für das Reaktionsvermögen wichtigen porenbildenden Substanz. Bei der Herstellung eines Holzkohlenersatzes aus Steinkohlen ist es infolgedessen notwendig, die porenbildende Substanz zu vergrößern, evtl. auf Kosten der gerüstbildenden Bestandteile.

Das läßt sich natürlich nur durch tiefere Eingriffe in die chemische Struktur der Kohle bewerkstelligen und kann z. B. durch eine Anlagerung von Sauerstoff bewirkt werden. Über die Veränderungen, die die Kohlen dabei erfahren, ist mehrfach berichtet worden [6]. Bereits bei Temperaturen unterhalb 100°C nehmen die Steinkohlen Sauerstoff auf. Technisch interessante Reaktionsgeschwindigkeiten sind aber erst oberhalb etwa 180°C zu beobachten. Mit steigender Temperatur nimmt die Oxydationsgeschwindigkeit immer schneller zu und beginnt etwa oberhalb 300°C in eine langsame Verbrennung überzugehen. Der Sauerstoff wird in diesem Fall nicht mehr angelagert, sondern reagiert sofort weiter zu Wasser und Kohlensäure bzw. Kohlenoxyd.

Als Reaktionsprodukte erscheinen zu Beginn der Oxydation große Mengen von Wasser sowie kleinere Mengen von Kohlenoxyd und Kohlendioxyd. Das Wasser entsteht aus den reaktionsfreudigen, wasserstoffreichen Bestandteilen der Kohle. Die große Reaktionsgeschwindigkeit führt dazu, daß die Wasserabspaltung anfangs sehr stark ist, dann aber relativ schnell nachläßt, während die Kohlendioxyd- und Kohlenmonoxydabspaltung stetig geringfügig zunehmen.

Zu Anfang des Oxydationsprozesses übertrifft die Sauerstoffanlagerung die Abspaltung von Reaktionsprodukten, so daß die Kohle an Gewicht zunimmt. Diese Gewichtszunahme kann bis zu 10% betragen. Mit zunehmender Reaktionsdauer läßt die Sauerstoffanlagerung jedoch nach, so daß die Spaltreaktionen überwiegen und es zu einer Gewichtsabnahme kommt. Der Sauerstoffgehalt der Kohle nimmt auch in diesem Stadium noch ständig zu.

Die Zunahme des Sauerstoffgehaltes der Steinkohle kann man als einen Verjüngungsprozeß deuten, denn die jungen Brennstoffe, wie Torf oder Braunkohle, enthalten bedeutend mehr Sauerstoff als die Steinkohlen. Wenn darüber hinaus noch manche andere Parallele zwischen oxydierter Steinkohle und Torf besteht – man denke z. B. an die Alkalilöslichkeit der beiden –, so handelt es sich doch nur um eine sehr äußerliche Ähnlichkeit. Eine Steinkohle, die sich durch komplizierte

Umlagerungsprozesse im Laufe vieler Millionen Jahre aus Torf gebildet hat, kann nicht durch eine einfache Oxydation wieder in Torf zurückverwandelt werden. Die Bindung des Sauerstoffs an die Kohle wirkt sich in dreifacher Hinsicht auf die Eigenschaften des beim Erhitzen entstehenden Kokses aus:

1. Die Vergrößerung des graphitischen Ordnungszustandes der Kohle beim Durchlaufen des plastischen Bereichs unterbleibt, da die schmelzenden bituminösen Anteile der Kohle durch die Oxydation zerstört worden sind.
2. Die Menge an porenbildender Substanz wird erhöht. Der angelagerte Sauerstoff reagiert beim Erhitzen mit den Kohlenstoff- und Wasserstoffatomen der Umgebung. Dabei entstehen viele feine Löcher.
3. Die Reaktion des Sauerstoffs mit den C- und H-Atomen der Kohle während des Verkokungsvorganges verhindert nicht nur das Zusammenwachsen der Aromaten zu größeren Lamellen, sondern verringert durch Reaktion mit den Randatomen die Größe der graphischen Lamellen und schafft neue ungesättigte Randatome mit hohem chemischem Reaktionsvermögen.

Die Oxydation bewirkt damit nicht nur die gewünschte Vergrößerung der notwendigen porenbildenden Substanz, sondern sie erhöht darüber hinaus deren Reaktionsvermögen. Inwieweit es gelingt, das Reaktionsvermögen des Steinkohlenkokses durch Anlagerung von Sauerstoff dem der Holzkohle anzugleichen, ist eine Frage der Kohlenart und Oxydationsintensität. Diese Fragen sollen im folgenden Kapitel behandelt werden.

3. Wahl der Ausgangskohle

Am günstigsten wäre es zweifellos, gasreiche Kohlen als Ausgangsmaterial zu verwenden. Diese Kohlen besitzen ein gut zugängliches Porensystem und enthalten bereits von Natur aus relativ viel Sauerstoff. Zwei Gründe sprechen allerdings dagegen.

Ein Steinkohlenkoks mit holzkohleähnlichen Eigenschaften darf nicht mehr Asche enthalten als Holzkohle, d. h. maximal 1,5–2%. Die Kohle muß also vor der Oxydation entascht werden. Dazu ist eine weitgehende Zerkleinerung erforderlich, die teuer ist, denn gasreiche Kohlen sind sehr hart. Außerdem steigt der Aschegehalt im Koks nachträglich durch die Austreibung der flüchtigen Bestandteile wieder an. Infolgedessen ist es vorteilhafter, Kohlen mit weniger flüchtigen Bestandteilen einzusetzen. Dabei ist allerdings zu berücksichtigen, daß die Oxydierbarkeit solcher Kohlen geringer ist, weil die Zugänglichkeit des Porensystems und die Zahl der oxydierbaren Gruppen mit fallendem Gehalt an flüchtigen Bestandteilen abnehmen.

Einen Kompromiß zwischen diesen gegensätzlichen Forderungen stellen die Fettkohlen dar. Sie haben zudem den Vorteil, sich relativ leicht entaschen zu lassen, und wurden deshalb für die folgenden Versuche benutzt. Allerdings ist die gewünschte weitgehende Entaschung im technischen Maßstab nicht leicht durchzuführen und bedingt eine Beschränkung auf eine relativ kleine Zahl dafür geeigneter Flöze. Diese Zahl wird weiterhin durch technische Forderungen eingeschränkt, wie z. B. die Abbauwürdigkeit des Flözes und die Möglichkeit, die Flözkohle getrennt von der übrigen Produktion fördern und verladen zu können.

4. Oxydation der Kohle

4.0 Allgemeines

Bei der Oxydation der Kohlen ist zu berücksichtigen, daß es sich um die Reaktion zwischen einem Gas und einem festen Körper handelt. In diesem Fall spielt die Eindringtiefe des gasförmigen Partners in den Feststoff eine entscheidende Rolle. Für den gedachten Zweck genügt es nicht, die Kohle nur oberflächlich anzuoxydieren, wie dies zur Beseitigung des Backvermögens oder zur Erzeugung raucharmer Briketts üblich ist, sondern die Oxydation muß bis in das Korninnere hinein erfolgen. Ein nichtoxydierter Kern würde zu einem inhomogenen Material führen, das zwar anfangs ein von der oxydierten Randzone herrührendes gutes Reaktionsvermögen besitzt, dessen Eigenschaften sich aber sehr schnell verschlechtern, wenn die Reaktion nach Verbrauch dieser Zone auf den nichtoxydierten Kern übergreift.

Neben der Eindringtiefe ist die Menge des anzulagernden Sauerstoffs von Bedeutung. Sie ist eine Funktion von Zeit und Temperatur. Bei Zimmertemperatur verläuft die Oxydation zu langsam. Sie muß auf mindestens 200^{0}C gesteigert werden, um zu wirtschaftlich tragbaren Reaktionsdauern zu gelangen. Die obere Temperatur liegt um 300^{0}C und ist durch die Schwierigkeiten gegeben, die bei der Abfuhr der Reaktionswärme entstehen. Oberhalb dieser Grenze artet die Oxydation immer mehr in eine mit Materialverlusten verbundene Verbrennung aus.

Für die Durchführung der Oxydation im technischen Maßstab sind also Kenntnisse notwendig über

1. die Eindringtiefe des Sauerstoffs in die Kohle, dadurch wird die Mahlfeinheit des Ausgangsmaterials bestimmt;
2. Die Reaktionsdauer. Sie beeinflußt die Größe der Oxydationsanlage und hängt vom Ausgangsmaterial sowie von Einzelheiten des Oxydationsverfahrens ab.

4.1 Laboratoriumsversuche zur Eindringtiefe

Für die Oxydationsversuche im Laboratoriumsmaßstab wurde eine Fettkohle mit 25% flüchtigen Bestandteilen verwendet, deren Aschegehalt durch Flotation auf 1% gesenkt worden war. Es handelte sich hierbei um ein Produkt der Reinstkohlenversuchsanlage des Bergwerksverbandes in Essen. Nach Trocknung an der Luft wurde die Kohle in einer Kugelmühle aus Stahl zerkleinert und in dünner Schicht, in flachen Schalen ausgebreitet, in einem heizbaren Trockenschrank bei natürlicher Luftzirkulation oxydiert.

Wenn auch die Oxydation in dünner Schicht natürlich nur für kleine Substanzmengen geeignet ist, so stellt sie doch ein einfaches und sehr sicheres Verfahren dar. Kohlenstaub beginnt nämlich bei der Oxydation bereits bei etwa 100° C zu glimmen. Dieses Glimmen erfolgt nicht unmittelbar an der Oberfläche der Schüttung, sondern etwa 2–4 mm darunter. Die Reaktionswärme wird zwar an der Oberfläche durch Konvektion und Strahlung abgeführt, aber in einigen Millimetern Tiefe tritt ein zur Zündung führender Wärmestau ein, weil die thermisch gut isolierende Deckschicht für Luft noch gut durchlässig ist.

Die flachen Schalen für die Oxydation wurden deshalb nur ca. 2 mm hoch gefüllt. Zu Beginn der Oxydation, wo die Gefahr einer Zündung naturgemäß am größten ist, wurde die Kohleschüttung in kurzen Zeitabständen mit einer kleinen Harke durchgerührt. Die geringe Kohlenmenge und die thermische Konvektion durch den Trockenschrank hindurch bewirkten, daß der Sauerstoff im Inneren des Trockenschrankes kaum geringer war als der der umgebenden Luft.

Die Bestimmung des Oxydationsgrades, insbesondere der Eindringtiefe bei der Oxydation, erfolgte optisch mit dem Mikroskop[1] sowie chemisch durch die Elementaranalyse und Verbrennungswärmeerniedrigung.

Angesichts des bekanntermaßen sehr dichten Gefüges der Kohle war zunächst zu klären, wie tief der Sauerstoff in die Kohle eindringen kann. Die in der Kohlenmikroskopie übliche Bezeichnung »Oxydationssäume« deutet bereits darauf hin, daß es sich nur um geringe Tiefen handeln kann. Theoretisch wäre es durchaus denkbar, aus der mikroskopischen Messung der Dicke der Oxydationssäume die Eindringtiefe des Sauerstoffs zu ermitteln. Leider wird dabei nur sehr wenig Material erfaßt, und es ist nichts darüber bekannt, ob die Dicke der Oxydationssäume identisch ist mit der Eindringtiefe des Sauerstoffs. Deshalb wurde nach einem Verfahren gesucht, das das chemische Verhalten der Kohle als Kriterium benutzt.

Anfänglich wurde dafür die Sauerstoffbestimmung im Rahmen der Elementaranalyse herangezogen. Es zeigte sich dann aber, daß bei der verwendeten Kohle Sauerstoffgehalt und Verbrennungswärme für eine Charakterisierung der Sauerstoffaufnahme gleichwertig sind. In Abb. 1 ist der lineare Zusammenhang zwischen beiden wiedergegeben für eine Fettkohle mit 25% flüchtigen Bestandteilen, einer Körnung 5–20 μm und einer Oxydationstemperatur von 230° C. Da die Erniedrigung der Verbrennungswärme schneller und einfacher zu messen ist als die Elementarzusammensetzung, wurde ihr bei den folgenden Untersuchungen der Vorzug gegeben.

Die zunächst interessierende Eindringtiefe des Sauerstoffs könnte man so bestimmen, daß man Kornfraktionen gleichartig oxydiert und die jeweils damit verbundene Erniedrigung der Verbrennungswärme als Funktion des Korndurchmessers aufträgt. Mit zunehmender Kornfeinheit wird immer mehr Material von der Oxydation erfaßt. Die Verbrennungswärme wird infolgedessen immer stärker erniedrigt. Wenn der Teilchenradius schließlich gleich der Eindringtiefe wird, ergreift die Oxydation das gesamte Teilchenvolumen; es bleibt kein unoxydierter

[1] Herrn Dr. Kötter sind wir für seine mikroskopischen Untersuchungen zu Dank verpflichtet.

Kern mehr zurück. Von diesem Punkt an muß die Erniedrigung der Verbrennungswärme konstant bleiben.

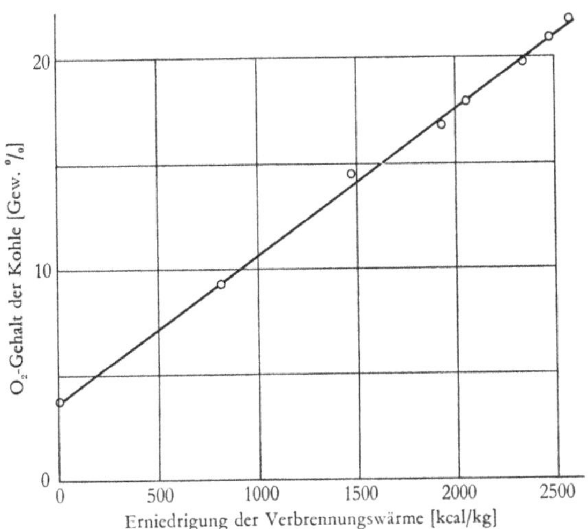

Abb. 1 Sauerstoffgehalt und Erniedrigung der Verbrennungswärme

Der Knick in der Kurve der Erniedrigung der Verbrennungswärme als Funktion der Korngröße, ist freilich nicht sehr scharf ausgeprägt. Deshalb wurde die Eindringtiefe rechnerisch bestimmt auf Grund der folgenden Überlegungen.
Betrachtet man die Kohleteilchen als Kugeln, und bezeichnet man mit H die Verbrennungswärme der oxydierten Teilchen mit dem Radius r, mit H_K die Verbrennungswärme der nichtoxydierten Substanz des Kerns mit dem Radius r_K sowie mit H_S die Verbrennungswärme der oxydierten Schale, so schreibt sich die Bilanz der Verbrennungswärmen unter Fortlassung des Faktors $\frac{4}{3}\pi$ und Vernachlässigung des Dichteunterschiedes zwischen Ausgangsmaterial und oxydierter Kohle zu

$$H \cdot r^3 = H_K r_K^3 + H_S (r^3 - r_K^3) \qquad (1)$$

Daraus berechnet sich die Eindringtiefe d zu

$$d = r - r_K = r \left(1 - \sqrt[3]{\frac{H_S - H}{H_S - H_K}}\right) \qquad (2)$$

Auf Abb. 2 sind Meßpunkte eingetragen für die Abhängigkeit der Erniedrigung der Verbrennungswärme von der Korngröße. Es handelt sich hierbei um Fettkohle mit 25% flüchtigen Bestandteilen, die eineinhalb, drei und zwölf Stunden im Trockenschrank bei 230° C oxydiert worden war. Mit Hilfe von (2) wurde die Eindringtiefe berechnet und dann zwecks besserer Prüfung des Zusammenhangs durch Umstellen von (1) der Verlauf der Erniedrigung der Verbrennungswärme ΔH

$$\Delta H = H_K - H_S - (H_K - H_S) \left(\frac{r_K}{r}\right)^3 \qquad (3)$$

als Funktion der Korngröße berechnet und in Abb. 2 mit eingezeichnet. Man erkennt, daß sich die Erniedrigung der Verbrennungswärme mit den oben gemachten Annahmen befriedigend wiedergeben läßt.

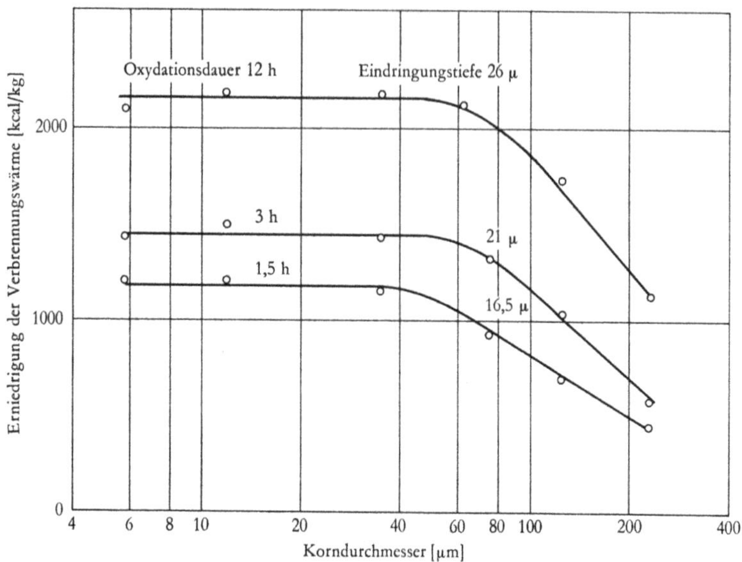

Abb. 2 Erniedrigung der Verbrennungswärme als Funktion der Korngröße

Auf Abb. 3 sind die in der beschriebenen Weise berechneten Eindringtiefen als Funktion der Oxydationsdauer angegeben mit der Oxydationstemperatur als Parameter. Die Eindringtiefe hängt danach weniger von der Temperatur als von der Zeit ab. Die Kurven scheinen sich einem Endwert von etwa 27 bis 28 μ zu nähern.

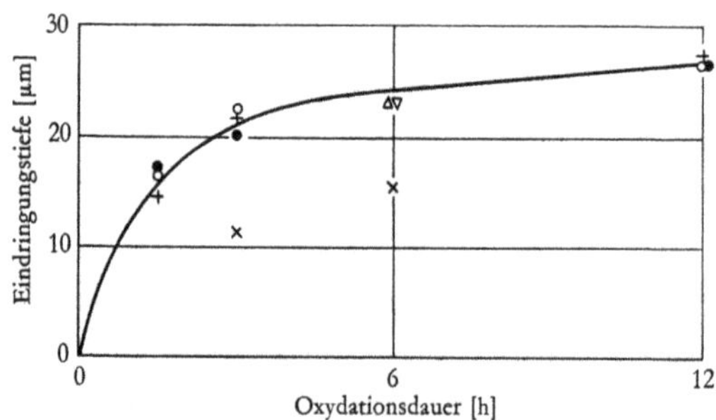

Abb. 3 Eindringtiefe als Funktion der Oxydationsdauer

▽ Oxydationstemperatur 210° C, Eindringtiefe nach (2) berechnet
○ ● + Oxydationstemperatur 230° C, Eindringtiefe nach (2) berechnet
△ Oxydationstemperatur 270° C, Eindringtiefe nach (2) berechnet
× Oxydationstemperatur 230° C, Eindringtiefe am Schliff gemessen

In gleicher Abbildung sind zwei Werte für die mikroskopisch bestimmten Eindringtiefen angegeben. Diese sind kleiner als die nach dem obigen Schema berechneten. Das spricht nicht unbedingt gegen einen Zusammenhang zwischen Eindringtiefe und Oxydationssaum, sondern kann damit zusammenhängen, daß die Kohlenteilchen keineswegs, wie oben angenommen, rund sind. Sie stellen vielmehr unregelmäßige Gebilde mit vielen Ecken und Kanten dar, bei denen während der Oxydation mehr Material erfaßt wird als bei einer Kugel gleichen Volumens. Die nach der obigen Methode berechneten Eindringtiefen könnten deshalb etwas zu groß ausfallen.

4.2 Entwicklung eines geeigneten Oxydationsverfahrens

Aus dem Vorstehenden ergeben sich folgende Anforderungen an das Oxydationsverfahren:

1. Die Korngröße des Einsatzmaterials darf nicht größer sein als das Doppelte der Eindringtiefe des Sauerstoffs, d. h., sie darf 60 μm nicht überschreiten.
2. Angesichts der wünschenswerten hohen Reaktionstemperatur, der Exothermie des Prozesses und der schlechten Wärmeleitfähigkeit von Pulver muß der Wärmeabfuhr besonderes Augenmerk zugewendet werden.

Zur Erfüllung dieser Forderungen bieten sich zwei Möglichkeiten an:

1. der Drehrohrofen,
2. das Wirbelschichtverfahren.

Der Drehrohrofen zeichnet sich durch einen sehr stabilen Betrieb aus; nachteilig sind der schlechte Material- und Wärmeaustausch. Das Wirbelschichtverfahren besitzt den Vorteil sehr günstiger Material- und Wärmeaustauschverhältnisse; nachteilig ist die Staubentwicklung und die Einschränkung in der Wahl der Kornspanne.
Versuche mit Drehrohröfen wurden im Labor- und Versuchsmaßstab durchgeführt. Während im Labormaßstab keine Anstände auftraten, ergaben sich beim Übergang zu größeren Öfeneinheiten erhebliche Schwierigkeiten in der Wärmeabfuhr, die eine sichere, zündungsfreie Beherrschung des Prozesses selbst bei relativ großem Aufwand an Regeleinrichtungen unmöglich machten.
Gegen die Anwendung des Wirbelschichtverfahrens sprach die im vorliegenden Fall sehr breite Kornspanne des Staubes. Die Ausbildung der wallenden, flüssigkeitsähnlichen Schicht ist eine Funktion von Anströmgeschwindigkeit und Teilchendurchmesser. Bei vergleichbarem Gut ist das Verhältnis vom Quadrat des Teilchendurchmessers zur Gasgeschwindigkeit am Wirbelpunkt konstant. Zur Aufwirbelung von feinem Gut genügen deshalb geringe Gasmengen. Großstückiges Material erfordert hingegen große Treibgasmengen.
Bei einem Material mit breiter Kornspanne wirbelt bei geringem Gasdurchsatz das feine Gut, während das grobe fast ruhend auf dem Anströmboden liegenbleibt.

Mit steigendem Gasdurchsatz beginnt zwar auch das grobe Material zu wirbeln, aber die feinen Teilchen fliegen dann aus dem Reaktor heraus.
Um solche korngrößenbedingten Entmischungserscheinungen zu verhindern, ist man deshalb im allgemeinen bestrebt, das Durchmesserverhältnis nicht zu sehr anwachsen zu lassen, und setzt dann z. B. ein Material von 0,5 bis 0,1 mm Korndurchmesser ein, entsprechend einem Durchmesserverhältnis von 5. Bei einem unter 60 μm gemahlenen Gut ist das Verhältnis zwischen größtem und kleinstem Teilchendurchmesser ca. 100 und damit für den Einsatz in der Wirbelschicht theoretisch viel zu groß. Man könnte natürlich daran denken, eine enge Fraktion von z. B. 60 bis 20 μm herauszusichten. Das ist zwar technisch möglich, aber sehr aufwendig. Außerdem müßte man dabei auf den wertvollsten, am schnellsten reagierenden Teil des Staubes verzichten.
Trotz dieser theoretischen Bedenken wurden Versuche mit der Wirbelschicht aufgenommen in einer kleinen Laborapparatur mit ca. 3 kg Fassungsvermögen. Es zeigte sich dabei, daß, entgegen der Erwartung, auch bei großer Kornspanne eine homogene Wirbelschicht mit scharf definierter Oberfläche entstand, daß es aber – ebenfalls entgegen der Erwartung – nicht möglich war, die Oxydation ohne Zünden des Einsatzmaterials durchzuführen.
Dieser in zwei Verhaltensweisen überraschende Befund ließ eine genauere Untersuchung als wünschenswert erscheinen. Dabei stellte sich heraus, daß die Eigenschaften einer Wirbelschicht mit fallendem Korndurchmesser der eingesetzten Teilchen in immer stärkerem Maße durch Kräfte zwischen den einzelnen Partikeln bestimmt werden.
Hamaker [7], der sich mit den Kräften zwischen ungeladenen Teilchen beschäftigt hat, diskutiert die Wechselwirkungsenergie, die durch Dispersionskräfte hervorgerufen wird. Er kommt zu dem Ergebnis, daß selbst unter ungünstigen Bedingungen die Anziehungskraft zwischen einem 30 μm großen Teilchen und einer festen Wand größer ist als die Schwerkraft und damit zum Haften ausreicht.
Diese Kräfte führen dazu, daß sich Agglomerate aus den feinsten Anteilen des Kohlenstaubes bilden. Für die Aufwirbelbarkeit des Staubes ist infolgedessen nicht mehr der Durchmesser der Einzelteilchen, sondern der der Agglomerate maßgeblich. Durch die Agglomeratbildung verschwindet der Feinstkornanteil des Staubes, und die Kornspanne wird infolgedessen enger. Das erklärt das Zustandekommen einer homogenen Wirbelschicht mit scharf abgegrenzter Oberfläche.
Die Zwischenteilchenkräfte beeinflussen auch den Wärmeübergang. Taucht man einen kalten Körper in eine heiße Wirbelschicht ein, so wirken auf die in der näheren Umgebung dieses Körpers wirbelnden Partikel Radiometerkräfte ein. Diese Kräfte sind auf den kalten Körper zugerichtet und bewirken eine Verdichtung des Staubes, die unmittelbar an seiner Oberfläche am größten ist. Bei dieser Verdichtung nähern sich die Teilchen einander so weit, daß die Zwischenteilchenkräfte wirksam werden und ein Haften der Teilchen untereinander und am kalten Körper bewirken. Dadurch bilden sich um den kalten Körper herum ruhende Schichten von einigen Millimetern bis zu einigen Zentimetern Dicke aus, die z. T. sehr fest an der Oberfläche des Körpers haften und den Wärmedurchgang sehr stark verringern.

Die thermische Isolation durch die Haftschichten macht es unmöglich, die Reaktionswärme aus der Schicht durch Kühlrohre abzuführen. Der schlechte Wärmeübergang würde Kühlsysteme bedingen, die fast das ganze Reaktorvolumen ausfüllen und die eigentliche Wirbelschicht zum Erstarren bringen würden. Man muß also entweder dafür sorgen, daß diese Haftschichten zerstört werden, oder eine direkte Kühlung wählen, z. B. durch Einspritzung von Wasser.

Taucht man dagegen einen heißen Körper in eine kalte Wirbelschicht ein, so beobachtet man eine Auflockerung der Schicht um den heißen Körper herum. Die Bildung der Schichten unterbleibt. Der Wärmeübergang zwischen heißem Körper und kalter Wirbelschicht ist ca. fünfmal besser als der in umgekehrter Richtung. Das Aufheizen einer Wirbelschicht ist infolgedessen sehr einfach. Es genügt, den Mantel des Reaktors von außen anzuwärmen. Die Wärme fließt sehr schnell in die Wirbelschicht hinein. Ein Anbacken der Kohle an der Reaktorwand konnte in keinem Fall beobachtet werden.

Die Zwischenteilchenkräfte machen sich schließlich noch auf eine dritte Art bemerkbar. In einem Wirbelschichtreaktor gibt es, insbesondere am Kopf, Flächen, die kälter sind als die Wirbelschicht. An diesen kalten Flächen setzt sich infolge der beschriebenen Haftkräfte der Staub ab und fällt dann bei kleinen Erschütterungen in die Wirbelschicht hinunter. Der Zusammenhalt dieser Klumpen ist so fest, daß er durch die Bewegung der Teilchen in der Wirbelschicht nicht zerstört werden kann. Die Klumpen werden im Gegenteil durch die Radiometerkraft zwischen ihrer kalten Oberfläche und der heißen Wirbelschicht zusammengedrückt und nehmen durch die Haftschichtbildung an Größe zu. Da die festen Klumpen eine höhere Wichte besitzen als die umgebende Wirbelschicht, sinken sie auf den Anströmboden hinunter, werden dort kräftig mit frischer Luft angeblasen, überhitzen sich und beginnen zu backen, zu blähen und zu brennen.

Es ist infolgedessen notwendig, die sich am Boden ansammelnden Agglomerate ständig durch geeignete Methoden zu zerstören und sie zumindest auf die Größe der Sekundärteilchen herab zu zerkleinern. Die aus dem Anströmboden, etwa einer keramischen oder metallenen Fritte, austretenden Luftströme sind dazu nicht in der Lage. Sehr wirksam sind Rührer. Ihre Drehzahl darf allerdings nicht zu groß sein, da sonst eine Verdichtung des Staubes erfolgt, die Ursache zu einer zusätzlichen Agglomeratbildung werden kann. Der Rührer muß außerdem sehr dicht über den Boden streifen, um auch kleine Aggregate mit Sicherheit zu zerteilen. Diese Forderung ist bei großen Reaktoren mit langen Rührarmen nicht leicht zu erfüllen.

Aus der Fülle der sich für die Lösung der Aufgabe anbietenden Möglichkeiten wurden mehrere ausprobiert und schließlich ein Rührer gewählt, durch dessen Hohlflügel die Luft in die Wirbelschicht geblasen wurde. Die Austrittsöffnungen für die Luft waren nach unten auf den Boden zu gerichtet. Die Zerteilung der Agglomerate erfolgte durch die scharfen Luftstrahlen, die bis auf den Boden des Reaktors reichten.

Auf diese Weise konnte gleichzeitig das Problem der Luftzuführung befriedigend gelöst werden. Angesichts der Feinheit des Staubes müßte ein in der üblichen Weise konstruierter Anströmboden sehr feine Löcher enthalten. Meistens werden

in solchem Fall keramische oder metallene Fritten verwendet. Diese haben aber den Nachteil, daß sie sich im Laufe der Zeit verstopfen.
Die durch den blasenden Rührer erzeugte Wirbelschicht ist, strenggenommen, in zwei Bereiche zu unterteilen. In unmittelbarer Nähe des Rührers verursachen die Luftstrahlen die Ausbildung örtlich begrenzter, mit dem Rührer umlaufender Flugstaubwolken. Das Treibgas verteilt sich beim Aufsteigen dann aber sehr schnell über den ganzen Reaktorquerschnitt, wobei eine an der Oberfläche gleichförmige wallende Schicht entsteht, an der die Drehbewegung des Rührers nicht mehr zu erkennen ist.

4.3 Versuchsanlage

Die Eignung des blasenden Rührers für die Kohleoxydation wurde zunächst in einem kleinen Gerät mit 50–60 kg Fassungsvermögen erprobt. Der Rührer ragte von unten in den Reaktor. Zur Staubabscheidung dienten zwei Zyklone, deren Fallrohre in die Wirbelschicht eintauchten. Zur Verringerung des Rückgasstromes waren die Fallrohre am Auslaufende mit dachförmigen Blechen versehen. Die Temperaturmessung erfolgte durch Thermoelemente, die Temperaturregelung durch Einsprühen von Wasser in den Reaktor. Die Wassermenge wurde vom Regler über ein Ventil gesteuert. Zu gewissen Zeitpunkten wurden dem Reaktor Kohleproben entnommen und diese in einer weiter unten beschriebenen Apparatur auf ihre Reaktionsfähigkeit untersucht.
Die guten Erfahrungen mit diesem Gerät führten zum Bau einer größeren Einheit von 300 bis 400 kg Fassungsvermögen. Von diesen Einheiten wurden schließlich mehrere hintereinandergeschaltet, um das Verfahren auch im kontinuierlichen Betrieb erproben zu können.
Die Kohle wurde dem ersten Reaktor aus einem großen Vorratsbunker mit einer Schnecke zugeteilt. Die Förderung der Schnecke ließ sich durch Regelung der Antriebsdrehzahl auf den jeweils gewünschten Wert einstellen. Die Oxydationsluft wurde den Reaktoren von einem gemeinsamen Gebläse über Meßstrecken zugeführt. Zur Staubabscheidung waren einige Zyklone vorhanden. Messung und Regelung der Temperatur erfolgte wiederum über Thermoelemente. Das Wasser wurde in die hohlen Achsen der Rührer eingespeist, die in diesem Fall von oben durch die Deckel der Reaktoren eingeführt worden waren. Dadurch verteilte sich das Wasser sehr gleichmäßig über den gesamten Reaktorquerschnitt.
Auch hier wurden bei chargenweisem Betrieb in gewissen Zeitabschnitten, bei kontinuierlichem Betrieb bei verschiedenen Durchsätzen Proben entnommen und auf ihr Reaktionsvermögen untersucht.

4.4 Herstellung der Formkörper

Die Schwefelkohlenstoffretorten erfordern ein stückiges Einsatzmaterial. Die oxydierte Kohle ist staubförmig, muß also noch brikettiert werden. Dazu wurde die oxydierte Kohle in einem Kneter mit Pech vermischt und bei kleinen Mengen in einer Stempelpresse, bei großen Mengen auf einer Walzenpresse zu Briketts von 20×20×30 mm Größe geformt. Diese Briketts wurden gekühlt, gebunkert und schließlich zur Entfernung der flüchtigen Bestandteile geschwelt. Die Schwelung erfolgte je nach Menge entweder in einem kleinen elektrisch beheizten Muffelofen oder in einem kontinuierlich betriebenen Spülgasschwelofen.

5. Prüfung der Schwelkokse

Zur Prüfung der Brauchbarkeit des Schwelkokses aus oxydierter Steinkohle (im folgenden Oxykoks genannt) an Stelle von Holzkohle müssen die Bedingungen des technischen Prozesses der Schwefelkohlenstofferzeugung bekannt sein. Die äußeren Merkmale, wie Stückgröße, Aschegehalt, Wassergehalt sowie der Gehalt an flüchtigen Bestandteilen, sind relativ einfach zu kennzeichnen. Die Messung der Reaktionsfähigkeit als der entscheidenden Größe bereitet dagegen Schwierigkeiten.

5.1 Stückgröße

Die Holzkohle wird in unregelmäßigen Stücken von etwa 2 bis 5 cm Korngröße eingesetzt. Die Oxykokse liegen als Gleichkorn vor, z. B. in Form von Briketts, deren endgültige Form und Größe freilich erst durch längerdauernde Betriebsversuche festgestellt werden kann. Die geringe Sperrigkeit und die große Verdichtung des Oxykokses bei der Herstellung bewirken, daß sein Schüttgewicht etwa doppelt so groß ist wie das von Holzkohle. Der Aufwand für das periodisch im Abstand einiger Stunden erfolgende Füllen der Retorten könnte dadurch halbiert werden.

5.2 Aschegehalt

Der Aschegehalt von Holzkohle liegt etwa zwischen 2 und 3%. Der von Oxykoks zwischen 0,7 und 1%. Der geringe Aschegehalt ist hier von Vorteil, da der Aufwand für das Auskratzen der Asche aus den Retorten verringert wird.

5.3 Wassergehalt

Holzkohle und Oxykoks nehmen bei der Lagerung an der Luft Wasser auf. Das ist eine Folge ihres feinen Porensystems. Dieses Wasser muß entfernt werden, da sich daraus in den Retorten Schwefelwasserstoff bildet. Die Trocknung kann entweder indirekt in einem von außen beheizten Rohr oder direkt durch eine Teilverbrennung erfolgen. Beide Methoden sind auch für Oxykoks anwendbar.

5.4 Gehalt an flüchtigen Bestandteilen

Der Gehalt der Einsatzkohle an flüchtigen Bestandteilen soll möglichst gering sein, da der Wasserstoffgehalt der flüchtigen Anteile in den Retorten eine unerwünschte Bildung von Schwefelwasserstoff verursacht. Holzkohle enthält etwa 10–15% flüchtige Bestandteile und damit relativ viel Wasserstoff. Man muß aber bedenken, daß bei der direkten Trocknung die Kohle auf 600–700°C aufgeheizt wird, wobei nicht nur das Wasser entfernt wird, sondern wobei sich auch der Gehalt an flüchtigen Bestandteilen auf etwa 5% verringert.
Für einen Vergleich zwischen Holzkohle und Oxykoks ist es zweckmäßig, die Elementaranalyse zu benutzen. Dazu wurden Buchenholz und brikettierte Oxykohle auf drei Temperaturstufen erhitzt und mit folgendem Ergebnis untersucht (Sauerstoff als Differenz):

	T °C	% C	% H	% N	% S	% O
Holzkohle	500	91,92	1,98	0,36	0,33	5,41
	600	94,23	1,69	0,32	0,31	3,45
	700	94,79	1,47	0,32	0,21	3,16
Oxykoks	500	88,37	3,17	1,52	2,3	4,64
	600	91,71	2,57	1,60	2,38	1,74
	700	93,01	2,40	1,51	2,26	0,82

Der Oxykoks unterscheidet sich von der Holzkohle durch höhere Stickstoff- und Schwefelgehalte, die von Natur aus durch die Anreicherung dieser beiden Bestandteile im Laufe der Inkohlung bedingt sind, die bei der Verwendung aber auch nicht stören. Der Sauerstoffgehalt des Oxykokses ist geringer, sein Wasserstoffgehalt dagegen größer. Der bei der Oxydation angelagerte Sauerstoff liegt wahrscheinlich zum größten Teil in Form von Carboxylgruppen vor, die sich bereits bei relativ niedrigen Temperaturen zu Kohlendioxyd zersetzen.
Durch die Oxydation wird zwar der Wasserstoffgehalt der nichtaromatischen Kohlenbestandteile weitgehend beseitigt, der Aromatwasserstoff wird aber kaum dadurch verändert und läßt sich bei den hier in Frage kommenden Schweltemperaturen nicht entfernen. Außerdem wird der Wasserstoffgehalt der Oxystaubbriketts durch die Zumischung von Pech beim Brikettieren noch zusätzlich erhöht.
Beim Holz liegen die Verhältnisse günstiger. Sein Gehalt an flüchtigen Bestandteilen übertrifft den der Steinkohle um mehr als das Doppelte, so daß der Wasserstoffgehalt beim Erhitzen schneller abnimmt. Angesichts des hohen Sauerstoffgehaltes des Holzes besitzt die Holzkohle mehr Sauerstoff als der Oxykoks. Allerdings spielt dieser Restsauerstoff keine große Rolle.
Nach einer überschlägigen Rechnung werden bei einem Einsatz von 24 kg Holzkohle je 100 kg Schwefelkohlenstoff aus den flüchtigen Bestandteilen einer auf 700°C erhitzten Holzkohle 4,22 m^3 Schwefelwasserstoff und 0,53 m^3 Kohlendioxyd erzeugt. Aus einer 24 kg Holzkohle äquivalenten Oxykoksmenge von 24,5 kg würden sich 7,05 m^3 Schwefelwasserstoff und 0,15 m^3 Kohlendioxyd bil-

den. Man könnte natürlich die Schwefelwasserstoffbildung aus dem Oxykoks durch eine höhere Schweltemperatur verringern. Das ist jedoch nicht zulässig, weil dadurch die Reaktionsfähigkeit des Kokses beeinträchtigt wird. Man muß also beim Einsatz von Oxykoks grundsätzlich mit einer größeren Schwefelwasserstoffbildung rechnen.

5.5 Reaktionsvermögen

5.51 Allgemeines

Damit man die Reaktionsfähigkeit der Oxykokse mit denen von Holzkohle vergleichen kann, müssen die Bedingungen des technischen Prozesses bekannt sein. Das gilt insbesondere für den Einfluß der Temperatur. Von den Erbauern von Schwefelkohlenstoffanlagen werden Retortentemperaturen um 800° C vorgeschrieben. Das besagt freilich nichts über die in der Holzkohle tatsächlich herrschende Temperatur.
Die Retorten werden nicht nur für die eigentliche Reaktion, sondern auch zum Verdampfen und Aufheizen des flüssigen Schwefels benutzt. Sie werden außerdem bis unter den Deckel mit Holzkohle gefüllt. Bedenkt man schließlich noch, daß Holzkohle keine gute Wärmeleitfähigkeit hat, so erhält man ein Bild davon, wie schwierig es ist, eine »Reaktionstemperatur« festzulegen.
Aus dem Korrosionsverhalten der für die vorliegenden Untersuchungen benutzten Laborretorten und aus Überlegungen über die Raumleistung muß man schließen, daß die tatsächliche Temperatur in der Holzkohle 700° C nicht übersteigt. Temperaturen unter 650° C dürfen ausscheiden, weil das Reaktionsvermögen unterhalb dieses Wertes sehr schnell abfällt. Für die Versuche wurde infolgedessen eine Temperatur von 700° C gewählt.
Das Reaktionsvermögen ist schließlich nicht nur von der Temperatur, sondern bei manchen Koksen auch von der Zeit abhängig. Zu Beginn der Reaktion setzen sich die reaktionsfreudigsten Anteile um. Man erhält somit eine anfänglich hohe Retortenleistung, die dann aber langsam in dem Maße zurückgeht, wie diese Anteile verbraucht werden.

5.52 Apparaturen

Für die Messung des Reaktionsvermögens wurde eine Laborretorte mit einem Fassungsvermögen von 1 Liter benutzt. Sie war mit einer elektrischen Heizung versehen, die über einen üblichen Regler für Temperaturkonstanz sorgte. Als Fühler diente ein Thermoelement, das in die Koksschüttung eintauchte. Der Oxykoks wurde durch Schwelung bei 700° C Endtemperatur hergestellt und in Körnung 4–7 mm in die Retorte eingefüllt. Der Schwefel wurde flüssig zugegeben,

der gebildete Schwefelkohlenstoff in einem eiswasserdurchflossenen Kühler kondensiert.
Eine zweite größere Apparatur hatte einen Inhalt von 70 Liter. Diese Retorte wurde von außen mit Gas beheizt. Die Temperaturregelung und die Schwefelkohlenstoffkondensation erfolgte in der gleichen Weise wie bei der Laborretorte.

5.53 Meßmethoden

Es war ursprünglich geplant gewesen, die Laborversuche in möglichst betriebsnaher Form durchzuführen, d. h. bei konstanter Schwefelzuteilung zur Retorte den verbrauchten Koks in bestimmten Zeitintervallen bis unter den Deckel nachzufüllen und den Umsatz messend zu verfolgen.
Diese Methode wurde aus verschiedenen Gründen verlassen und statt dessen der Umsatz als Funktion der Füllhöhe in der Retorte gemessen. Die Retorte wurde dazu zunächst mit 1 Liter Koks gefüllt, auf 700° C aufgeheizt, mit dem Eintropfen des Schwefels begonnen und das zeitliche Absinken der Koksfüllung und der zeitliche Verlauf der Schwefelkohlenstoffproduktion gemessen.
Am Anfang des Versuches war die je Zeiteinheit gebildete Schwefelkohlenstoffmenge unabhängig von der Füllhöhe. Wenn das Koksvolumen sich so weit verringert hatte, daß die Reaktionszeit nicht mehr zu einem dem Gleichgewicht entsprechenden Umsatz ausreichte, sank die Menge des entstandenen Schwefelkohlenstoffes ab. Das geschah sehr plötzlich. Der Knickpunkt in der Produktionskurve läßt sich graphisch ziemlich genau interpolieren. Das gleiche gilt für die dazugehörige Füllhöhe. Man erhielt auf diese Weise einen Wert für das Mindestreaktionsvolumen – im folgenden mit MRV bezeichnet –, das bei gegebenen äußeren Bedingungen für einen bestimmten Koks notwendig ist, und kann damit die Reaktionsfähigkeit kennzeichnen.
Diese Kennzeichnung ist allerdings mit einer gewissen Unsicherheit belastet. Sie setzt nämlich voraus, daß das Reaktionsvermögen bis zum restlosen Umsatz konstant bleibt. Das ist leider, wie bereits bemerkt wurde, nicht immer der Fall. Wiederholt wurde beobachtet, daß die Reaktionsgeschwindigkeit im Verlauf der Reaktion abnahm. Es wurde deshalb so vorgegangen, daß Kokse, deren MRV größer war als das von Holzkohle, als unbrauchbar verworfen wurden. Die Kokse mit gleichem oder kleinerem MRV als Holzkohle wurden einem zweiten Test unterzogen. Nach Umsatz des Kokses unter das MRV wurde frischer Koks nachgefüllt, wieder bis unter das MRV vergast und nochmals nachgefüllt und wiederum vergast. Blieb der MRV-Wert konstant, so wurde der Koks als gut befunden, wuchs das MRV bei den verschiedenen Durchgängen, so wurde er als unbrauchbar betrachtet.
Für die Versuche wurden drei Fettreinstkohlen mit Gehalten an flüchtigen Bestandteilen zwischen 22 und 25% benutzt. Wie Abb. 4 zeigt, kann man bei hinreichender Oxydationsdauer Kokse erhalten, die Holzkohle im Reaktionsvermögen gleichwertig sind.

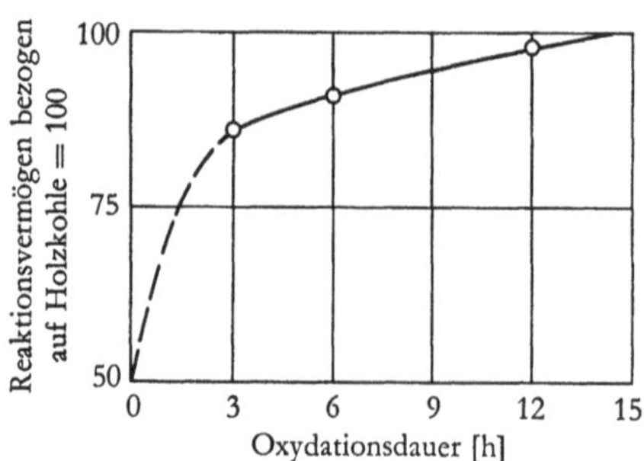

Abb. 4 Reaktionsvermögen von Oxykoks als Funktion der oxydativen Beeinflussung des Ausgangsmaterials

Bei diesen Versuchen zeigte sich allerdings auch, daß die Reproduzierbarkeit der Ergebnisse nicht sehr befriedigend ist. Das mag mit der unterschiedlichen Verdichtung der Briketts bei der Brikettierung zusammenhängen oder mit dem zeitlichen Temperaturverlauf während der Schwelung, die beide bei Kleinversuchen ungenauer einzuhalten sind als im großen Maßstab.

Um von dieser Streuung unabhängig zu werden, wurden der Masse vor der Brikettierung geringe Mengen Alkalisalze zugesetzt. Die besten Erfahrungen wurden gemacht mit KOH in Mengen von 1 bis 2%, bezogen auf eingesetzte Kohle. Die Kokse mit Alkalizusatz bewährten sich auch beim Einsatz in der 70-Liter-Versuchsapparatur. Ein Verbacken der Asche durch diesen Zusatz wurde nicht beobachtet.

Wenn auf diese Weise auch grundsätzlich die Möglichkeit geschaffen wurde, die Holzkohle durch spezielle Steinkohlenkokse zu ersetzen, so wird man doch im Hinblick auf die Wirtschaftlichkeit einer technischen Anlage im Augenblick nur sehr vorsichtige Schlüsse ziehen dürfen. Im Verhältnis zu anderen Wirtschaftsgütern, insbesondere der Holzkohle, sind die Steinkohlenpreise und die Personalkosten ständig gestiegen. Diese Vorsicht ist um so notwendiger, als die Tendenz besteht, das sehr lohnintensive Retortenverfahren durch andere Verfahren zu ersetzen, die weniger Personal beanspruchen. Das sind jene, die von flüssigem oder gasförmigem Kohlenwasserstoff ausgehen und nicht auf Holzkohle angewiesen sind.

6. Zusammenfassung

Die Notwendigkeit und die Möglichkeiten zur Schaffung eines Produktes, das als Ersatz für Holzkohle bei der Herstellung von Schwefelkohlenstoff nach dem Retortenverfahren geeignet ist, werden diskutiert. Die Einzelheiten eines Verfahrens, das von aschearmen Steinkohlen ausgeht und durch eine Oxydation der Kohle mit Luft die gewünschte Reaktionsfähigkeit erreicht, werden geschildert. Dabei wird der Frage der Eindringtiefe des Sauerstoffs in die Kohle besondere Aufmerksamkeit geschenkt. Der oxydierte Kohlenstaub wird nach Brikettieren und Schwelen mit den Eigenschaften von Holzkohle verglichen und dabei gefunden, daß sowohl in einer Laborretorte als auch in einer kleinen Versuchsretorte das Reaktionsvermögen der Steinkohlenkokse dem der Holzkohle gleichkommt.

Dr. Ing. Dietrich George
Dr. rer. nat. Joachim Karweil

7. Literaturverzeichnis

[1] Englische Patentschrift 469 888, Belgische Patentschrift 422 250, Italienische Patentschrift 352 352.

[2] Englische Patentschrift 512 882, Belgische Patentschrift 422 082.

[3] Holländische Patentschrift 51 079.

[4] Amerikanische Patentschrift 1 992 832.

[5] DRP 935 125.

[6] JÜNTGEN, H., und KARWEIL, J. Die physikalisch-chemischen Eigenschaften von oxydierten Steinkohlen und ihren Koksen. Teil I: Die Veränderung der Kohleneigenschaften während der Oxydation. Teil II: Die Eigenschaften der Oxykokse. »Erdöl und Kohle« 15, 898/906, 985/990 (1962).

[7] HAMAKER, H. C., Physica 4, 1058, 1937; Rec. Trav. chim. Pays-Bas et Belg. (Amsterdam) 57, 61, 1938.

FORSCHUNGSBERICHTE DES LANDES NORDRHEIN-WESTFALEN

Herausgegeben im Auftrage des Ministerpräsidenten Dr. Franz Meyers von Staatssekretär Prof. Dr. h. c. Dr.-Ing. E. h. Leo Brandt

CHEMIE

HEFT 2
Prof. Dr. W. Fuchs †, Aachen
Untersuchungen über absatzfreie Teeröle
1952, 32 Seiten, 5 Abb., 6 Tabellen, DM 10,—

HEFT 6
Prof. Dr. W. Fuchs †, Aachen
Untersuchungen über die Zusammensetzung und Verwendbarkeit von Schwelteerfraktionen
1952, 36 Seiten, DM 10,50

HEFT 7
Prof. Dr. W. Fuchs †, Aachen
Untersuchungen über emsländisches Petrolatum
1952, 36 Seiten, 1 Abb., 17 Tabellen, DM 10,50

HEFT 16
Max-Planck-Institut für Kohlenforschung, Mülheim a. d. Ruhr
Arbeiten des MPI für Kohlenforschung
1953, 104 Seiten, 9 Abb., DM 17,80

HEFT 25
Gesellschaft für Kohlentechnik mbH, Dortmund-Eving
Struktur der Steinkohlen und Steinkohlen-Kokse
1953, 58 Seiten, DM 11,—

HEFT 30
Gesellschaft für Kohlentechnik mbH, Dortmund-Eving
Kombinierte Entaschung und Verschwelung von Steinkohle; Aufarbeitung von Steinkohlenschlämmen zu verkokbarer oder verschwelbarer Kohle
1953, 56 Seiten, 16 Abb., 10 Tabellen, DM 10,50

HEFT 36
Forschungsinstitut der Feuerfest-Industrie, Bonn
Untersuchungen über die Trocknung von Rohton, Untersuchungen über die technische Reinigung von Silika- und Schamotte-Rohstoffen mit chlorhaltigen Gasen
1953, 60 Seiten, 5 Abb., 5 Tabellen, DM 11,—

HEFT 42
Prof. Dr. B. Helferich, Bonn
Untersuchungen über Wirkstoffe — Fermente — in der Kartoffel und die Möglichkeit ihrer Verwendung
1953, 58 Seiten, 9 Abb., DM 11,—

HEFT 46
Prof. Dr. W. Fuchs †, Aachen
Untersuchungen über die Aufbereitung von Wasser für die Dampferzeugung in Benson-Kesseln
1953, 58 Seiten, 18 Abb., 9 Tabellen, DM 11,20

HEFT 55
Forschungsgesellschaft Blechverarbeitung e. V., Düsseldorf
Chemisches Glänzen von Messing und Neusilber
1954, 50 Seiten, 21 Abb., 1 Tabelle, DM 10,20

HEFT 57
Prof. Dr.-Ing. F. A. F. Schmidt, Aachen
Untersuchungen zur Erforschung des Einflusses des chemischen Aufbaues des Kraftstoffes auf sein Verhalten im Motor und in Brennkammern von Gasturbinen
1954, 70 Seiten, 32 Abb., DM 14,60

HEFT 58
Gesellschaft für Kohlentechnik mbH, Dortmund-Eving
Herstellung und Untersuchung von Steinkohlenschwelteer
1954, 74 Seiten, 9 Abb., 9 Tabellen, DM 13,75

HEFT 59
Forschungsinstitut der Feuerfest-Industrie e. V., Bonn
Ein Schnellanalysenverfahren zur Bestimmung von Aluminiumoxyd, Eisenoxyd und Titanoxyd in feuerfestem Material mittels organischer Farbreagenzien auf photometrischem Wege
Untersuchungen des Alkali-Gehaltes feuerfester Stoffe mit dem Flammenphotometer nach Riehm-Lange
1954, 52 Seiten, 12 Abb., 3 Tabellen, DM 11,60

HEFT 67
Heinrich Wösthoff oHG, Apparatebau, Bochum
Entwicklung einer chemisch-physikalischen Apparatur zur Bestimmung kleinster Kohlenoxyd-Konzentrationen
1954, 94 Seiten, 48 Abb., 2 Tabellen, DM 18,25

HEFT 87
Gemeinschaftsausschuß Verzinken, Düsseldorf
Untersuchungen über Güte von Verzinkungen
1954, 68 Seiten, 56 Abb., 3 Tabellen, DM 15,30

HEFT 88
Gesellschaft für Kohlentechnik mbH, Dortmund-Eving
Oxydation von Steinkohle mit Salpetersäure
Vergriffen

HEFT 108
Prof. Dr. W. Fuchs †, Aachen
Untersuchungen über neue Beizmethoden und Beizabwässer
I. Die Entzunderung von Drähten mit Natriumhydrid
II. Die Aufbereitung von Beizabwässern
1955, 82 Seiten, 15 Abb., 14 Tabellen, 1 Falttafel DM 15,25

HEFT 121
Dr. H. Krebs, Bonn
I. Die Struktur und die Eigenschaften der Halbmetalle
II. Die Bestimmung der Atomverteilung in amorphen Substanzen
III. Die chemische Bindung in anorganischen Festkörpern und das Entstehen metallischer Eigenschaften
1955, 124 Seiten, 36 Abb., 13 Tabellen, DM 22,90

HEFT 128
Prof. Dr. O. Schmitz-DuMont, Bonn
Untersuchungen über Reaktionen in flüssigem Ammoniak
1955, 96 Seiten, 11 Abb., 6 Tabellen, DM 17,75

HEFT 132
Prof. Dr. W. Seith, Münster
Über Diffusionserscheinungen in festen Metallen
1955, 42 Seiten, 19 Abb., 4 Tabellen, DM 9,10

HEFT 133
Prof. Dr. E. Jenckel, Aachen
Über einen für Schwermetalle selektiven Ionenaustauscher
1955, 48 Seiten, 8 Abb., 13 Tabellen, DM 9,50

HEFT 134
Prof. Dr.-Ing. H. Winterhager, Aachen
Über die elektrochemischen Grundlagen der Schmelzfluß-Elektrolyse von Bleisulfid in geschmolzenen Mischungen mit Bleichlorid
1955, 54 Seiten, 20 Abb., 5 Tabellen, DM 11,80

HEFT 139
Prof. Dr. W. Fuchs †, Aachen
Studien über die thermische Zersetzung der Kohle und die Kohlendestillatprodukte
1955, 64 Seiten, 20 Abb., 22 Tabellen, DM 11,80

HEFT 141
Dr. J. van Calker und Dr. R. Wienecke, Münster
Untersuchungen über den Einfluß dritter Analysenpartner auf die spektrochemische Analyse
1955, 42 Seiten, 15 Abb., DM 9,10

HEFT 149
Dr.-Ing. K. Konopicky und Dipl.-Chem. P. Kampa, Bonn
I. Beitrag zur flammenphotometrischen Bestimmung des Calciums
Dr.-Ing. K. Konopicky, Bonn
II. Die Wanderung von Schlackenbestandteilen in feuerfesten Baustoffen
1955, 54 Seiten, 10 Abb., 5 Tabellen, DM 11,—

HEFT 160
Prof. Dr. W. Klemm, Münster
Über neue Sauerstoff- und Fluor-haltige Komplexe
1955, 50 Seiten, 13 Abb., 7 Tabellen, DM 10,80

HEFT 166
Prof. Dr. M. v. Stackelberg, Dr. H. Heindze, Dr. H. Hübschke und Dr. K. H. Frangen, Bonn
Kolloidchemische Untersuchungen
1955, 106 Seiten, 8 Abb., 13 Tabellen, DM 21,25

HEFT 169
Forschungsinstitut für Pigmente und Lacke, Stuttgart
Arbeiten über die Bestimmung des Gebrauchswertes von Lackfilmen durch physikalische Prüfungen
1955, 70 Seiten, 23 Abb., 4 Tabellen, DM 15,—

HEFT 178
Prof. Dr. M. v. Stackelberg und Dr. W. Hans, Bonn
Untersuchungen zur Ausarbeitung und Verbesserung von polarographischen Analysenmethoden
1955, 46 Seiten, 14 Abb., DM 10,50

HEFT 190
Prof. Dr. A. Neuhaus, Prof. Dr. O. Schmitz-DuMont und Dipl.-Chem. H. Reckhard, Bonn
Zur Kenntnis der Alkalititanate
1955, 60 Seiten, 13 Abb., 1 Tabelle, DM 12,20

HEFT 193
Prof. Dr. O. Schmitz-DuMont, Bonn
Untersuchungen über neue Pigmentfarbstoffe
1956, 50 Seiten, 16 Abb., 8 Tabellen, DM 11,20

HEFT 205
Dr. C. Schaarwächter, Düsseldorf
Über plastische Kupfer-Eisen-Phosphor-Legierungen
1956, 36 Seiten, 10 Abb., 10 Tabellen, DM 8,30

HEFT 219
Prof. Dr. W. Fuchs †, Aachen
Untersuchungen zur Holzabfallverwertung und zur Chemie des Lignins
1955, 54 Seiten, 11 Abb., 15 Tabellen, DM 11,40

HEFT 220
Prof. Dr. W. Fuchs †, Aachen
Die Entwicklung neuer Regel- und Kontroll-Apparate zur coulometrischen Analyse
1956, 76 Seiten, 17 Abb., 23 Tabellen, DM 15,50

HEFT 228
Prof. Dr. F. Wever, Dr. W. Koch, Düsseldorf, und Dr. B. A. Steinkopf, Dortmund
Spektrochemische Grundlagen der Analyse von Gemischen aus Kohlenmonoxyd, Wasserstoff und Stickstoff
1956, 42 Seiten, 18 Abb., 1 Tabelle, DM 9,90

HEFT 229
Prof. Dr. F. Wever, Dr. W. Koch und Dr.-Ing. H. Malissa, Düsseldorf
Über die Anwendung disubstituierter Dithiocarbamate der analytischen Chemie
1956, 44 Seiten, 30 Abb., 5 Tabellen, DM 10,50

HEFT 270
Prof. Dr. rer. nat. H. Krebs, Dipl.-Chem. Dr. rer. nat. J. Diewald, Dipl.-Chem. Dr. rer. nat. R. Rasche und Dipl.-Chem. Dr. rer. nat. J. A. Wagner, Bonn
Die Trennung von Racematen auf chromatographischem Wege
1956, 62 Seiten, 18 Tabellen, DM 12,95

HEFT 282
Bergrat a. D. F. Scherer, Bochum
Das B. T.-Schwelverfahren und seine Anwendung auf der Anlage Marienau
1956, 44 Seiten, 7 Abb., DM 9,60

HEFT 287
Prof. Dr.-Ing. habil. K. Krekeler, Aachen
Änderungen der mechanischen Eigenschaftswerte thermoplastischer Kunststoffe bei Beanspruchung in verschiedenen Medien
1956, 62 Seiten, 23 Abb., 5 Tabellen, DM 13,70

HEFT 297
Dr. phil. C. Schaarwächter und Dr. rer. nat. W. Schaarwächter, Düsseldorf
Die Reduktion von Siliziumtetrachlorid im Lichtbogen zur nachfolgenden Silizierung von Eisenblechen
1958, 22 Seiten, 12 Abb., 1 Tabelle, DM 8,20

HEFT 303
Prof. Dr.-Ing. S. Kiesskalt, Aachen
Das Institut der Forschungsgesellschaft Verfahrenstechnik e. V. an der Technischen Hochschule Aachen
1956, 76 Seiten, 20 Abb., 3 Tabellen, DM 16,50

HEFT 309
Prof. Dr. K. Cruse, Dipl.-Phys. B. Ricke und Dipl.-Phys. R. Huber, Clausthal-Zellerfeld
Aufbau und Arbeitsweise eines universell verwendbaren Hochfrequenz-Titrationsgerätes
1957, 48 Seiten, 29 Abb., DM 11,90

HEFT 321
Prof. Dr. F. Wever, Düsseldorf, und Dr. W. Wepner, Köln
Gleichzeitige Bestimmung kleiner Kohlenstoff- und Stickstoffgehalte im *a*-Eisen durch Dämpfungsmessung
1956, 30 Seiten, 3 Abb., 4 Tabellen, DM 6,80

HEFT 327
Prof. Dr.-Ing. habil. K. Krekeler und Dr.-Ing. H. Peukert, Aachen
Beitrag zur thermoelastischen Formbarkeit von Polyäthylen
1956, 56 Seiten, 49 Abb., 9 Tabellen, DM 12,80

HEFT 367
Dr. rer. nat. D. Horstmann, Düsseldorf
Der Angriff eisengesättigter Zinkschmelzen auf kohlenstoff-, schwefel- und phosphorhaltiges Eisen
1957, 52 Seiten, 22 Abb., 6 Tabellen, DM 12,85

HEFT 372
Prof. Dr. phil. M. v. Stackelberg, Bonn
Untersuchungen zur Ausarbeitung und Verbesserung von polarographischen Analysenmethoden 2. Bericht
1957, 44 Seiten, 9 Abb., 7 Tabellen, DM 10,15

HEFT 400
Prof. Dr. phil. W. Fuchs † und Dr. rer. nat. H. Weyerstrass, Aachen
Entwicklung eines Heißfilters zur Reinigung von Gichtgas eines mit Kohle betriebenen Niederschachtofens
1958, 88 Seiten, 30 Abb., DM 20,20

HEFT 401
Prof. Dr.-Ing. M. Lipp und Dipl.-Chem. G. Frielingsdorf, Aachen
Darstellung reaktionsfähiger Verbindungen des Camphansystems und Versuche zu deren Fluorierung
1957, 84 Seiten, DM 17,—

HEFT 406
W. Kirsch, Chemieprodukte GmbH, Leverkusen-Rheindorf
Entwicklungsarbeiten auf dem Gebiet des Korrosionsschutzes und der Abdichtung
1957, 76 Seiten, 28 Abb., 11 Tabellen, DM 19,—

HEFT 409
Prof. Dr. phil. F. Wever, Dr. phil. W. Koch, Dr. rer. nat. Ch. Ilschner-Gensch und Dipl.-Phys. H. Rohde, Düsseldorf
Das Auftreten eines kubischen Nitrids in aluminiumlegierten Stählen
1957, 38 Seiten, 12 Abb., 3 Tabellen, DM 10,10

HEFT 463
Dipl.-Ing. G. Plüss, Essen-Steele
Die Aufteilung der verbrennlichen Bestandteile in Verbrennungsgasen auf CO und H_2 bei Verbrennung mit Luftunterschuß und bei Luftüberschuß und künstlicher Flammenkühlung
1957, 34 Seiten, 7 Abb., 2 Tabellen, DM 8,40

HEFT 485
Prof. Dr. phil. E. Jenckel, Aachen, Dr. H. Wilsing, Dormagen, Dr. H. Dörffurt, Wesseling (Bez. Köln) und Dipl.-Phys. H. Rinkens, Eschweiler
Kristallisation der Hochpolymeren
1958, 50 Seiten, 20 Abb., DM 15,70

HEFT 491
Prof. Dr. Fr. Lotze, Münster und K. Kötter, Essen
Chloridgehalte des oberen Emsgebietes und ihre Beziehungen zur Hydrogeologie
1958, 194 Seiten, 37 Abb., 17 Tabellen, DM 50,80

HEFT 495
Prof. Dr. phil. Dipl.-Ing. E. Asmus und Dr. rer. nat. H.-F. Kurandt, Berlin
Einige analytische Anwendungen der Zincke-Königschen Reaktion
1958, 34 Seiten, 14 Abb., 7 Tabellen, DM 11,45

HEFT 503
Dr. rer. nat. J. Faßbender, Bonn
Untersuchungen über die Eigenschaften von Cadmiumsulfid-Sandwich-Zellen
1957, 36 Seiten, 8 Abb., DM 8,80

HEFT 515
Prof. Dr. phil. habil. H. E. Schwiete und Dr.-Ing. Chr. Hummel, Aachen
Thermochemische Untersuchungen im System SiO_2 und $Na_2O—SiO_2$
1958, 110 Seiten, 29 Abb., 28 Tabellen, DM 28,—

HEFT 525
Prof. Dr. Dr. h. c. H. P. Kaufmann und Dr. F. Wegborst, Münster
Beiträge zur Chemie und Technologie der Fetthärtung I
1958, 106 Seiten, 26 Abb., 14 Tabellen, DM 26,80

HEFT 540
Prof. Dr. rer. nat. H. Krebs, Bonn
Die katalytische Aktivierung des Schwefels
1958, 64 Seiten, 9 Abb., 4 Tabellen, DM 18,30

HEFT 541
Prof. Dr. O. Schmitz-DuMont, Bonn
Reaktionen in flüssigem Ammoniak zur Gewinnung von 1. Titanylamid, 2. Oxykobalt (III)-amiden, 3. Ammonobasischen Kobalt (III)-benzylaten
1958, 56 Seiten, 11 Abb., DM 16,80

HEFT 568
Prof. Dr. Dr. h. c. Dr. E. h. Alder†, Dipl.-Chem. M. Dollhausen und Dipl.-Chem. M. Fremery, Köln
Über einige neue Reaktionen des Indens
1958, 64 Seiten, 14 Abb., DM 19,50

HEFT 575
Prof. Dr. phil. habil. C. Kröger, Aachen
Verkokungsverhalten der Steinkohlenmacerale und ihrer Mischungen
1958, 58 Seiten, 18 Abb., 19 Tabellen, DM 18,70

HEFT 576
Prof. Dr. F. Micheel und Dr. H. G. Bussmann, Münster
Untersuchung synthetischer Kohlenhydrat-Eiweißverbindungen mit der Ultracentrifuge bei der Elektrophorese
1958, 146 Seiten, 63 Abb., 13 Tabellen, DM 37,10

HEFT 580
Prof. Dr.-Ing. A. Götte und Dr.-Ing. G. Scholz, Aachen
Unterstützung der Entwässerung von Feinkohle durch chemische Hilfsmittel
1958, 246 Seiten, 28 Abb., zahlr. Tabellen, DM 52,50

HEFT 589
Prof. Dr. phil. habil. C. Kröger, Aachen
Wärmebedarf der Silikatglasbildung
1958, 66 Seiten, 5 Abb., 28 Tabellen, DM 18,70

HEFT 645
Dr.-Ing. W. Kleinlein, Aachen
Das Fließverhalten dispers-plastischer Massen im Walzspalt
1958, 56 Seiten, 24 Abb., 1 Tabelle, DM 15,—

HEFT 653
Prof. Dr. K. Hamann und Dr. W. Funke, Stuttgart
Die Schutzwirkung organischer Inhibitoren in wäßriger Lösung gegenüber Eisen
1958, 72 Seiten, 31 Abb., DM 18,70

HEFT 656
Prof. Dr. E. Jenckel und Dr. H. Huhn, Aachen
Das Verkleben von Aluminium mit carboxylsubstituierten Polystyrolen
1958, 42 Seiten, 16 Abb., 3 Tabellen, DM 11,60

HEFT 666
Prof. Dr.-Ing. K. Krekeler, Dr.-Ing H. Peukert und Dipl.-Ing. B. Frerichmann, Aachen
Die Infraroterwärmung an thermoplastischen Kunststoffen
1959, 82 Seiten, 77 Abb., 5 Tabellen, DM 22,60

HEFT 685
Prof. Dr. A. Dietzel, Prof. Dr. H. Jagodzinski und Dr. H. Scholze, Würzburg
Untersuchungen an technischem Siliziumcarbid
1959, 42 Seiten, 5 Abb., 9 Tabellen, DM 11,60

HEFT 704
Prof. Dr. phil. W. Koch, Düsseldorf, Dr. rer. nat. Chr. Ilschner-Gensch, Essen und Dr. rer. nat. A. Khan, Bangalore (Indien)
Das Verhalten des Phosphors bei der Isolierung
1958, 28 Seiten, 17 Abb., 5 Tabellen, DM 8,90

HEFT 709
Doz. Dr. K.-D. Gundermann unter Mitarbeit von Dr. R. Thomas, Dipl.-Chem. G. Holtmann, Dipl.-Chem. R. Huchting und Dipl.-Chem. H. Rose, Münster (Westf.)
Synthesen mit ε-Chlor-acrylsäure-Derivaten
1959, 82 Seiten, 7 Abb., 11 Tabellen, DM 20,50

HEFT 710
Prof. Dr. phil. M. v. Stackelberg, Bonn
Untersuchungen zum Stoffwechsel der Augenlinse
1959, 40 Seiten, 10 Abb., DM 11,50

HEFT 711
Dr.-Ing. K. Alberti, Köln
Einfluß der chemischen Zusammensetzung des Anmachewassers auf die Festigkeit von Kalkmörteln
1959, 50 Seiten, 4 Abb., 20 Tabellen, DM 13,10

HEFT 727
Prof. Dr. phil. habil. C. Kröger, Aachen
Eigenschaften und chemische Konstitution der Steinkohlenmacerale
1959, 60 Seiten, 27 Abb., 16 Tabellen, DM 16,20

HEFT 780
Prof. Dr. phil. F. Wever, Düsseldorf
Untersuchungen von Walzölen und Walzölemulsionen im Kaltwalzversuch
1959, 68 Seiten, 28 Abb., mehr. Tabellen, DM 18,50

HEFT 807
Dipl.-Chem. K.-H. M. Tillwich, Aachen
Darstellung fluorierter Camphanverbindungen
1960, 51 Seiten, 6 Abb., DM 15,—

HEFT 821
Dr. rer. nat. H. Berge und Dr. rer. nat. H. Dahmen, Agrikulturchemisches Institut Heiligenhaus
Die Anwendungsmöglichkeiten der chemischen Luft- und Pflanzenanalyse zur Beurteilung industrieller Immissionen
1959, 58 Seiten, 19 Abb., DM 16,40

HEFT 843
Dipl.-Chem. W. Schmidt, Dipl.-Chem. E. Köhler und Dipl.-Ing. W. Schmidt
Flammenspektrometrische Alkalibestimmung im Korund
1960, 13 Seiten, 2 Abb., 1 Tabelle, DM 5,50

HEFT 858
Baudirektor W. Triebel, Viersen, und Dipl.-Ing. R. Nowak, Frankfurt a. M.
Herstellung von Schmelzphosphat-Dünger bei hygienischer Aufbereitung und Vernichtung von Stadtmüll
1960, 40 Seiten, 4 Abb., 12 Tabellen, DM 11,50

HEFT 863
Prof. Dr. habil. C. Kröger, Aachen
Das elektrische und Wärme-Leitvermögen von Glasmengen und Glasschmelzen
1960, 59 Seiten, 39 Abb., 12 Tabellen, DM 17,80

HEFT 866
Prof. Dr. F. Micheel und Dr. W. Heinemann, Münster (Westf.)
Eine neuartige Apparatur zur Hochspannungs-Papierelektrophorese
1960, 15 Seiten, 13 Abb., DM 6,70

HEFT 880
Prof. Dr. K. H. Hellwege und Dr. W. Knappe, Darmstadt
Die Festigkeit thermoplastischer Kunststoffe in Abhängigkeit von den Verarbeitungsbedingungen
1960, 63 Seiten, 30 Abb., 8 Tabellen, DM 18,90

HEFT 884
Dr. H. van Haut und Dr. H. Stratmann, Essen-Bredeney
Experimentelle Untersuchungen über die Wirkung von Schwefeldioxyd auf die Vegetation
1960, 64 Seiten, 27 Abb., 1 Tabelle, DM 18,80

HEFT 932
Prof. Dr. E. Jenckel † und Dr. A. Nogaj, Dormagen, Bayerwerk
Die anomale Diffusion in dem System Polystyrol-Toluol
1961, 42 Seiten, 27 Abb., 3 Tabellen, DM 13,50

HEFT 999
Prof. Dr. F. Lotze u. a., Geologisch-Paläontologisches Institut der Universität Münster (Westf.)
Hydrogeologie des Westteils der Ibbenbürener Karbonscholle
1962, 114 Seiten, 45 Abb., 8 Tabellen, DM 36,90

HEFT 1001
Dipl.-Phys. Dr. rer. nat. G. Langner, Institut für Elektronenmikroskopie an der Medizin. Akademie Düsseldorf
Die Informationsübertragung bei der Mikroskopie mit Röntgenstrahlen
1961, 126 Seiten, 7 Abb., DM 37,—

HEFT 1046
Dr. R. Haug, Forschungsinstitut für Pigmente und Lacke e.V., Stuttgart
Die Bestimmung des Agglomerationszustandes von trockenen und dispergierten Pigmenten und dessen Zusammenhang mit anwendungstechnischen Eigenschaften
1961, 50 Seiten, 13 Abb., 19 Tabellen, DM 17,60

HEFT 1051
Dipl.-Ing. A. Puck, cand. ing. H. Bossel und cand. ing. W. Heil, Deutsches Kunststoff-Institut Darmstadt
Festigkeit und Steifigkeit von Papierwaben bei Druck- und Schubbeanspruchung
1962, 74 Seiten, 33 Abb., 3 Tabellen, DM 24,80

HEFT 1085
Prof. Dr. phil. habil. Carl Kröger, Dr. rer. nat. Heinz Meier zu Köcker und Dipl.-Chem. Richard Meltzow, Institut für Brennstoffchemie der Technischen Hochschule Aachen
Untersuchung des Einflusses physikalischer und chemischer Faktoren auf die Verbrennung flüssiger Brennstoffe unter erhöhtem Sauerstoffdruck
1962, 62 Seiten, 53 Abb., 10 Tabellen, DM 31,40

HEFT 1096
Dr.-Ing. Kamillo Komopicky und Dipl.-Chem. Emil Karl Köhler, Forschungsinstitut der Feuerfest-Industrie, Bonn
Die Veränderung der keramisch-technologischen Eigenschaften und des Mineralaufbaues verschiedener Tone beim Brennen
1962, 46 Seiten, 23 Abb., 3 Tabellen, DM 27,50

HEFT 1108
Prof. Dr. Dr. h. c. Hans Paul Kaufmann und Dr. Eugen Schmülling, Institut für Industrielle Fettforschung, Münster i. W.
Beiträge zur Chemie und Technologie der Fetthärtung II
1962, 78 Seiten, 23 Abb., 37 Tabellen, DM 32,—

HEFT 1109
Prof. Dr. Dr. h. c. Hans Paul Kaufmann und Dr. Adelheid Tobschirbel, Institut für Industrielle Fettforschung, Münster i. W.
Oxydative Veränderung von Fetten.
1962, 60 Seiten, 7 Abb., 10 Tabellen, DM 22,—

HEFT 1114
Dr. phil. Siegfried Eckhard und Dipl.-Phys. Walter Baum, Max-Planck-Institut für Eisenforschung, Düsseldorf
Über ein physikalisches Verfahren zur Bestimmung des Wasserstoffs im Ternären Gemisch mit Stickstoff und Kohlenmonoxyd.
1962, 64 Seiten, 31 Abb., DM 39,80

HEFT 1136
Prof. Dr.-Ing. Wilhelm Husmann, Emscher-Genossenschaft, Essen
Chemische und biologische Auswirkungen der Abwasserbelastung des Rheines und Feststellung der Minderung seiner Selbstreinigungskraft
In Vorbereitung

HEFT 1141
Prof. Dr. phil. Dr. rer. nat. h. c. Burckhardt Helferich, Chemisches Institut der Universität Bonn
Arbeiten auf dem Gebiet der Sulfonsäuren, insbesondere der ein- und mehrwertigen aliphatischen Sulfonsäuren
1963, 19 Seiten, DM 8,40

HEFT 1142
Prof. Dr. C. Kröger, Institut für Brennstoffchemie (Kohlechemie) der Technischen Hochschule Aachen
Eigenschaften von Hochvakuumteeren, Extrakten und Restkohlen sowie von Chlorierungs- und Sulfonierungsprodukten der Steinkohlen
1963, 56 Seiten, 24 Abb., 24 Tabellen, DM 32,—

HEFT 1165
Dipl.-Ing. Dietrich George und Dr. rer. nat. Joachim Karweil, im Auftrage der Bergbau-Forschung GmbH, Essen
Herstellung eines reaktionsfähigen Steinkohlenkokses für die Schwefelkohlenstoffgewinnung

HEFT 1168
Dr. Max Friedrich, Forschungsstelle für Brandschutztechnik an der Technischen Hochschule Karlsruhe
Untersuchungen über das Verhalten und die Wirkungsweise verschiedener Trockenlöschmittel

HEFT 1177
Prof. Dr. Joseph Holluta und Dipl.-Chem. Irmgard Brune, Karlsruhe
Untersuchungen über die Mineralöllast des Niederrheins und deren Herkunft
In Vorbereitung

HEFT 1184
Dr. rer. nat. Dipl.-Chem. Heinrich Stratmann, Forschungsinstitut für Luftreinhaltung e. V., Essen
Freilandversuche zur Ermittlung von Schwefeldioxydwirkungen auf die Vegetation. II. Teil: Messung und Bewertung der SO^2-Immissionen
In Vorbereitung

HEFT 1187
Dr. rer. nat. Fritz Glaser und Dipl.-Chem. Gerd Collin, Institut für chemische Technologie der Technischen Hochschule Aachen
Über rechnerische Methoden zur Feststellung wesentlicher Gleichgewichtswerte der chemischen Thermodynamik am Beispiel von organischen Stickstoffverbindungen
In Vorbereitung

HEFT 1188
Dr. rer. nat. Fritz Glaser und Dr. rer. nat. habil. Hans-Georg Schäfer, Institut für chemische Technologie der Technischen Hochschule Aachen
Über die Aufarbeitung von Rückständen aus der Altschmierölraffination
In Vorbereitung

HEFT 1206
Prof. Dr. Fritz Micheel, Dr. H. Schweppe, Dr. P. Albers, Dr. W. Schminke und Dr. W. Leifels, Organisch-chemisches Institut der Universität Münster
Papierchromatographische Trennung hydrophober Substanzen mit Cellulose-Ester-Papieren

Prof. Dr. Fritz Micheel, Siegfried Thomas, Horst Haneke und Walter Meckstroth, Organisch-chemisches Institut der Universität Münster
Ein neues Verfahren zur Peptid-Synthese
In Vorbereitung

HEFT 1207
Prof. Dr. Dr. h. c. Hans Paul Kaufmann und Dr. Horst Schnurbusch, Deutsches Institut für Fettforschung, Münster
Die Umesterung von Fetten und Ölen
In Vorbereitung

HEFT 1208
K. Nollen und K. H. Reichert, Forschungsinstitut für Pigmente und Lacke e. V., Stuttgart, Leiter: Prof. Dr. K. Hamann
Untersuchung über die Einwirkung der verschiedenen Bewitterungseinflüsse auf Anstrichfilme
In Vorbereitung

HEFT 1213
Dr. rer. nat. W. Fischer und Dr. rer. nat. L. Jaehn, Prüf- und Forschungsinstitut für die Schuhherstellung, Pirmasens
Untersuchung der Beeinflussung der Adhäsions- und Kohäsionsenergie von Klebstoffen
In Vorbereitung

HEFT 1218
Prof. Dr.-Ing. Dr. rer. nat. h. c. Wilhelm Reerink, Dr. rer. nat. Kurt-Günther Beck und Dr.-Ing. Wilhelm Weskamp, Steinkohlenbergbau-Verein, Essen
I. Die Versuchskokerei des Steinkohlenbergbau-Vereins
II. Der Einfluß der Heizzugtemperatur auf die Hochtemperaturverkokung im Horizontalkammerofen bei Schüttbetrieb
In Vorbereitung

HEFT 1219
Prof. Dr. Karl-Dietrich Gundermann, Dr. Roswitha Huchting, Dr. Gerhard Holtmann, Dr. Hans-Joachim Rose, Dr. Christian Burba und Dipl.-Chem. Helmut Schulze, Organisch-chemisches Institut der Universität Münster
Untersuchungen an Iso- und Heterooyclen niedriger Ringgröße
In Vorbereitung

HEFT 1239
Dipl.-Geol. Dr.-Ing. Gert Michel, Geologisches Landesamt Nordrhein-Westfalen, Krefeld
Untersuchungen über die Tiefenlage der Grenze Süßwasser—Salzwasser im nördlichen Rheinland und anschließenden Teilen Westfalens, zugleich ein Beitrag zur Hydrogeologie und Chemie des tiefen Grundwassers
In Vorbereitung

HEFT 1253
Dipl.-Ing. Alfred Puck und Dipl.-Ing. Horst Wurtinger, Deutsches Kunststoff-Institut Darmstadt
Werkstoffgemäße Dimensionierungs-Größen für den Entwurf von Bauteilen aus kunstharzgebundenen Glasfasern
In Vorbereitung

HEFT 1256
Prof. Dr. rer. Günther O. Schenck und Dr. rer. nat. Klaus Gollnick, Max-Planck-Institut für Kohlenforschung, Abteilung Strahlenchemie, Mülheim-Ruhr
Über die schnellen Teilprozesse photosensibilisierter Substrat-Übertragungen.
Untersuchungen über Chemismus und Kinetik der durch Xanthenfarbstoffe photosensibilisierten O_2-Übertragungen
In Vorbereitung

HEFT 1274
Dr. Erno Wieser und Prof. Dr. Ernst Jenckel †, Institut für physikalische Chemie der Rhein.-Westf. Technischen Hochschule Aachen
Die Spannungskorrosion von Polymethacrylsäuremethylester und ihre Ursachen
In Vorbereitung

Ein Gesamtverzeichnis der Forschungsberichte, die folgende Gebiete umfassen, kann bei Bedarf vom Verlag angefordert werden:
Acetylen/Schweißtechnik – Arbeitswissenschaft – Bau/Steine/Erden – Bauwirtschaft – Bergbau – Biologie – Chemie – Eisenverarbeitende Industrie – Elektrotechnik/Optik – Energiewirtschaft – Fahrzeugbau/Gasmotoren – Farbe/Papier/Photographie – Fertigung – Funktechnik/Astronomie – Gaswirtschaft – Holzbearbeitung – Hüttenwesen/Werkstoffkunde – Kunststoffe – Luftfahrt/Flugwissenschaften – Luftreinhaltung – Maschinenbau – Mathematik – Medizin/Pharmakologie/NE-Metalle – Physik – Rationalisierung – Schall/Ultraschall – Schiffahrt – Textiltechnik/Faserforschung/Wäschereiforschung – Turbinen – Verkehr – Wirtschaftswissenschaft.

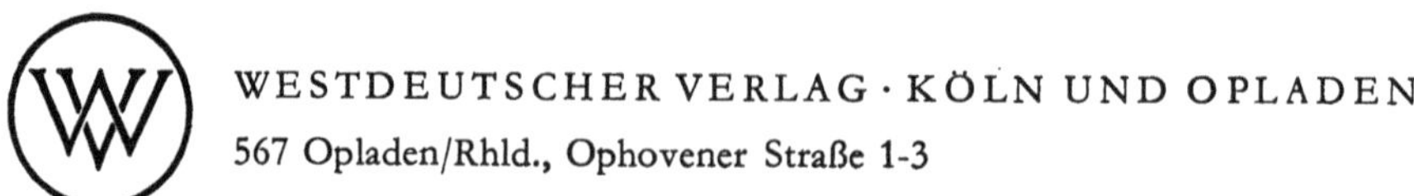
WESTDEUTSCHER VERLAG · KÖLN UND OPLADEN
567 Opladen/Rhld., Ophovener Straße 1-3

GPSR Compliance
The European Union's (EU) General Product Safety Regulation (GPSR) is a set of rules that requires consumer products to be safe and our obligations to ensure this.

If you have any concerns about our products, you can contact us on

ProductSafety@springernature.com

In case Publisher is established outside the EU, the EU authorized representative is:

Springer Nature Customer Service Center GmbH
Europaplatz 3
69115 Heidelberg, Germany

www.ingramcontent.com/pod-product-compliance
Ingram Content Group UK Ltd.
Pitfield, Milton Keynes, MK11 3LW, UK
UKHW061658190726
13853UKWH00008B/2286

* 9 7 8 3 6 6 3 0 6 3 4 2 1 *